PUBLICATION DE LA RÉUNION DES OFFICIERS

CURVI-GRAPHIQUE

DE MARCHE

PAR

le Colonel A. QUINEMANT

Avec 3 planches

PARIS

LIBRAIRIE MILITAIRE DE L. BAUDOIN ET C°

LIBRAIRES-ÉDITEURS

30, Rue et Passage Dauphine, 30

1885

PUBLICATION DE LA RÉUNION DES OFFICIERS

CURVI-GRAPHIQUE
DE MARCHE

PAR

le Colonel A. QUINEMANT

Avec 3 planches

PARIS

LIBRAIRIE MILITAIRE DE L. BAUDOIN ET Cⁱᵉ

LIBRAIRES-ÉDITEURS

30, Rue et Passage Dauphine, 30

1885

CURVI-GRAPHIQUE DE MARCHE

DESCRIPTION.

Le curvi-graphique de marche se compose de deux cercles concentriques d'un rayon différent, réunis par un bouton qui leur sert de pivot commun.

Le bouton est à deux têtes plates que l'on réunit ou que l'on sépare par un simple effort. Suivant que la tête mobile est fixée la face en dessus ou en dessous, l'on obtient deux épaisseurs différentes (*fig.* 1).

La circonférence de chaque cercle est divisée en 360 parties égales (degrés) numérotées de 10 en 10 de 1 à 36. Un trait renforcé indique le zéro.

Ces nombres représentent des kilomètres à l'échelle fictive de 1/100.000, soit 36 kilomètres.

Le rayon du cercle extérieur est calculé de manière que sa circonférence soit exactement à l'échelle de 1/100.000 dont elle donne les longueurs vraies, en divisions du mètre. Elle peut, par conséquent, servir de curvi-mètre pour toutes les cartes. Sa longueur est de 36 centimètres.

Un troisième cercle plus grand, a sa circonférence à l'échelle de 1/80.000. Il peut être placé sous les

---

(1) En vente à la librairie L. Baudoin et Ce, 30, rue et passage Dauphine.

deux autres, ou être employé avec chacun d'eux sé-
parément.

Une alidade, dont la ligne de foi est tracée suivant
un rayon des cercles, pivote autour de leur centre
commun.

Un deuxième modèle du curvi-graphique comprend
400 divisions (grades) ; la circonférence du cercle extérieur a 40 centimètres de longueur et comporte 40
kilomètres.

USAGE DE L'INSTRUMENT.

Colonne. — La colonne est dessinée en longueurs
et en distances sur le cercle extérieur parallèlement
à sa circonférence et dans le même sens que les divisions (*fig.* 2).

Si la colonne n'était donnée qu'en heures de passage au point initial, elle serait dessinée au moyen
des heures inscrites à l'avance par application du
problème 4.

La tête de l'élément, dont l'heure de passage au
point initial sert à déterminer les heures de passage
des autres éléments de la colonne, est placée, de pré-
férence, au zéro des divisions ; ce qui permet de
trouver plus rapidement cet élément que nous appel-
lerons *Elément directeur*.

Nota. — Si la colonne était trop longue pour être
contenue dans un seul tour de la circonférence, elle
serait dessinée en spirale.

L'échelle peut d'ailleurs varier de la moitié au
double, etc., 1/200.000, 1/50.000, etc., pour le 1/100.000
1/160.000, 1/40.000, etc., pour le 1/80.000 en comp-
tant les divisions pour leur double ou leur moitié, etc.

Distances. — Les kilomètres se lisent sur le cercle intérieur.

Heures. — Les heures s'inscrivent sur le cercle des kilomètres (cercle intérieur) à la vitesse de marche.

L'heure du passage de l'élément directeur au point initial s'écrit, habituellement, au zéro des kilomètres.

L'heure comporte autant de divisions qu'elle contient de fois la durée de la halte horaire, ce qui simplifie les inscriptions.

Dans le cas des prescriptions du service en campagne, par exemple, l'heure sera partagée en 6 divisions de 10′ chacune.

Les chiffres des dizaines seuls s'écrivent 5 h., 1, 2, pour 5 h., 10′, 20′.

Il n'est pas tenu compte des divisions correspondant aux haltes horaires ; par suite, l'heure ne comprend graphiquement que 5 divisions, soit 50′.

La division qui termine une halte horaire s'écrit au-dessous de celle qui la commence.

Ainsi les haltes horaires ayant lieu aux heures, l'on inscrira 7 h. 2′, 3′, 4′, 5′, 8 h. 2′, etc. Si elles ont lieu aux demies : 7 h. 1′, 2′, 3′, 5′, 8 h., etc.

Cette disposition facilite la lecture des divisions des heures. Elle offre, en outre, l'avantage de faire connaître, à première vue, les moments des haltes horaires.

Dans la pratique, le chiffre inférieur pourra être supprimé.

Itinéraire. — L'itinéraire se dessine à l'échelle

graphique ou s'indique par ses points remarquables sur le cercle des kilomètres et des heures, le point initial au zéro (heure du passage de l'élément directeur).

Il peut être dessiné sur le verso de l'instrument, et ses points remarquables représentés par des lettres reportées sur le cercle des kilomètres.

Alidade. — L'alidade s'emploie pour placer exactement les éléments de la colonne à hauteur des divisions kilométriques et horaires.

Elle sert, en outre, à se rendre compte de la marche des éléments ayant une vitesse différente de celle de la colonne, tels que les courriers.

Nota. — La colonne pourra également être dessinée sur le cercle intérieur ; dans ce cas, les kilomètres, les heures et l'itinéraire se prendront sur le cercle extérieur.

APPLICATIONS.

Dans les applications qui vont suivre la tête du gros sera prise comme élément directeur.

1° Déterminer l'heure du passage au point initial P d'un élément de la colonne.

Placer la tête de cet élément en face du point initial P (zéro des kilomètres) l'heure qui correspond à l'élément directeur est l'heure cherchée.

Exemple. — Trouver l'heure du passage de la 2ᵉ division au point initial (*fig.* 2).

Placer la tête de la 2ᵉ division en face du zéro des kilomètres.

L'heure qui correspond à la tête du gros (élément directeur) 7 h. 52′,5 est l'heure du passage en P de la 2ᵉ division.

Vérification par le calcul. — La tête de la 2ᵉ division marche à 7ᵏ,400 de la tête du gros. Il faut à cette dernière, pour dégager le point initial et parcourir cette distance à la vitesse de 4 kilomètres à l'heure, 1 h, 32′,5 de marche, temps auquel il faut ajouter la durée des deux haltes horaires faites à 6 h. 1/2 et à 7 h. 1/2, ce qui donne 1 h. 52′,5, la tête du gros étant passée à 6 heures au point initial, en ajoutant 1 h. 52′,5 à 6 heures, nous trouvons bien 7 h. 52′,5 pour l'heure du passage de la 2ᵉ division au point initial.

Il est à remarquer que lorsque l'élément directeur est pris dans l'intérieur de la colonne, il est nécessaire d'écrire, avant l'heure de son passage au point initial, un nombre d'heures suffisant pour encadrer la partie de la colonne qui le précède.

Ainsi (*fig.* 2), le peloton de cavalerie marchant à moins de 8 kilomètres de la tête du gros, on a inscrit les heures 4 et 5 qui correspondent à 8 kilomètres, ce qui permet d'encadrer toute l'avant-garde.

2° A quelle heure un élément de la colonne arrivera-t-il à hauteur d'un point donné ?

Généralisation du problème précédent. — Placer l'élément en face du point donné et lire l'heure correspondant à l'élément directeur.

3° A quel point est arrivé un élément donné de la colonne à une heure donnée ?

Placer l'élément directeur en face de l'heure donnée. Le point cherché se trouvera à hauteur de l'élément indiqué.

4° Élément qui arrivera à un point donné à une heure donnée.

Placer l'élément directeur à l'heure donnée, l'élément cherché se trouvera à hauteur du point donné.

Dans tous ces problèmes, l'élément directeur peut être remplacé comme donnée par un élément quelconque ; les solutions sont les mêmes.

5° Déterminer l'heure du passage d'une fraction de la colonne à un point initial secondaire situé en dehors de la route.

Supposons que l'artillerie de corps cantonnée en dehors de la route suivie par le corps d'armée, doive entrer dans la colonne au point A, et qu'elle ait un point initial particulier situé à 3 kilomètres du point A.

Première solution. — Dessiner à l'échelle, au-dessus ou au-dessous de l'itinéraire de la colonne suivant que l'élément se trouve à gauche ou à droite de la route, l'itinéraire particulier de cet élément jusqu'au point A et opérer comme avec l'itinéraire principal.

Employer la même méthode pour le point de dislocation.

Deuxième solution. — Cherchons l'heure du passage au point A de la tête de l'artillerie. Nous trouvons (*fig.* 2) 7 h. 52′,5.

Le point initial se trouvant à 3 kilomètres de A en le plaçant en p, à 3 kilomètres en arrière de la division correspondant à l'heure trouvée, 7 h. 52′,5, l'heure 7 h. 5′ qui lui correspond sera l'heure du passage de l'artillerie à son point initial particulier.

Les heures de passage des batteries se détermineront par rapport à p de la même manière que celles des éléments de la colonne par rapport à P, au moyen de la série d'heures déjà inscrite pour la colonne.

Changement de direction de la colonne. 1° Si le point où la colonne change de direction se trouve en avant de la tête, il suffit de dessiner à partir de ce point le nouvel itinéraire suivi.

2° Une partie de la colonne a dépassé le point où elle doit changer de direction.

L'ordre de marche devant être changé, il est formé en réalité une nouvelle colonne qui a son point initial au point du changement de direction.

Dans ce cas, dessiner la nouvelle colonne au-dessus de la première et opérer à l'aide de son point initial comme pour la mise en route.

Cette colonne pourrait être également dessinée sur le 2ᵉ cercle.

Les kilomètres, les heures et le nouvel itinéraire seraient alors placés sur le cercle où se trouve la 1ʳᵉ.

COURRIERS.

1ᵉʳ procédé par tàtonnements :

Placer l'élément expéditeur et l'alidade à l'heure du départ du courrier, faire mouvoir sur le cercle des kilomètres, la colonne et le courrier (alidade) à leurs vitesses respectives. Lorsqu'ils seront en contact, l'élément expéditeur se trouvera à l'heure de la réception du courrier par l'élément destinataire.

2ᵉ procédé :

Considérer la vitesse du courrier augmentée ou diminuée de celle de la colonne suivant le sens de sa marche, en déduire le temps nécessaire pour qu'il franchisse l'espace qui le sépare de l'élément destinataire et ajouter ce temps à l'heure de son départ.

Placer l'élément expéditeur à l'heure ainsi obtenue qui est l'heure de la réception de la dépêche, l'élément destinataire se trouvera au point où il doit la recevoir.

Pour le retour du courrier, opérer d'une manière analogue.

Exemple (fig. 3). — L'état-major du corps d'armée envoie à 9 heures une dépêche à l'état-major de la 2ᵉ division. Le courrier marche à la vitesse de 8 kilomètres à l'heure.

Le courrier se dirigeant en sens contraire de la colonne, sa vitesse de marche est augmentée de celle de cette dernière supposée immobile.

Elle sera alors de 12 kilomètres (8 + 4).

Il lui faudra donc pour franchir les 7ᵏ,400 qui séparent les deux états-majors, 37 minutes et il arrivera à 9 h. 37′.

Plaçons l'état-major du corps d'armée à 9 h. 37′ nous trouverons que la 2ᵉ division recevra la dépêche au 7ᵉ kilomètre et pendant la halte horaire.

GRANDES HALTES.

Lorsque la colonne fait une grande halte, opérer pour le départ de la grande halte comme pour la mise en route.

Prendre un nouveau point initial et inscrire une nouvelle série d'heures au-dessous de la première.

L'heure du passage de l'élément directeur au nouveau point initial s'écrit à ce point.

La première série doit être conservée afin de permettre de se rendre compte de la marche de la colonne jusqu'à l'arrivée à la grande halte du dernier élément.

OBSERVATIONS.

Les cercles étant en simple carte, ou papier fort, sont peu encombrants, d'un prix modique, de plus l'on peut les construire facilement soi-même ; ils peuvent donc être changés à chaque journée de marche.

En prenant note chaque jour, au verso du cercle extérieur, des ordres donnés et des principaux incidents de la route ; leur ensemble constituera un véritable historique de marche.

Le curvi-graphique, tout en étant une planchette de marche, possède donc le principal avantage des graphiques.

Dans la pratique, pour une seule colonne un seul cercle est suffisant. La colonne est alors dessinée sur une feuille de papier placée sous le cercle.

Pour deux colonnes sur deux routes, ou trois colonnes sur trois routes, l'on emploiera deux ou trois cercles. Les itinéraires seront alors dessinés au verso de l'instrument et remplacés par des lettres représentant leurs points remarquables.

Les éléments de la colonne pourront être représentés par de simples traits, tracés suivant une circonférence si l'on veut les avoir en longueurs, ou suivant les rayons en ne représentant que la tête de chacun d'eux.

L'on gagnera ainsi beaucoup en clarté, et les modifications survenues pendant la marche pourront être plus facilement indiquées.

Il est d'ailleurs inutile d'énumérer un plus grand nombre d'applications ou de simplifications de détail que chacun trouvera facilement lorsque l'usage du curvi-graphique lui sera devenu familier.

EMPLOI D'UN CERCLE COMME RAPPORTEUR.

Placer le sommet de l'angle au centre du cercle à l'aide des deux diamètres qui y sont tracés et lire la mesure de l'angle comme sur un rapporteur ordinaire.

Paris. — Imprimerie L. Baudoin et Cᵉ, rue Christine, 2.

PRIX DE VENTE

L'instrument complet avec la brochure explicative.... 1 »

Chacun des cercles............................ 10 »

L'alidade .... 5 »

Le bouton....... .... 40 »

La brochure explicative...................... 25 »

Paris. — Imprimerie L. BAUDOIN et Cᵉ, rue Christine, 2.